NB/T 42050—2015

# 目　次

前言 ······················································································································· II
1 范围 ···················································································································· 1
2 规范性引用文件 ····································································································· 1
3 术语和定义 ··········································································································· 2
4 额定电压 ·············································································································· 3
5 型号、规格及产品表示方法 ····················································································· 3
6 材料 ···················································································································· 5
7 技术要求 ·············································································································· 6
8 标志 ···················································································································· 9
9 交货长度 ·············································································································· 9
10 试验要求 ············································································································ 9
11 试验方法 ············································································································ 11
12 检验规则 ············································································································ 15
13 包装 ·················································································································· 16
14 运输和贮存 ········································································································· 16
15 安装后试验 ········································································································· 16
附录A（规范性附录） 数值修约 ················································································· 17
附录B（规范性附录） 光纤复合中压电缆附件 ······························································ 18

I

NB/T 42050—2015

# 前 言

本标准按照 GB/T 1.1—2009 给出的规则起草。
本标准由中国电器工业协会提出。
本标准由全国电线电缆标准化技术委员会（SAC/TC 213）归口。
本标准负责起草单位：中国电力科学研究院。
本标准参加起草单位：国网电力科学研究院、上海电缆研究所、江苏亨通电力电缆有限公司、中天科技海缆有限公司、江苏通光集团有限公司、青岛汉缆股份有限公司、江苏上上电缆股份有限公司、3M中国有限公司、浙江万马电缆股份有限公司、国网河北省电力公司、国网辽宁省电力有限公司、江苏宏图高科技股份有限公司、江苏中超电缆股份有限公司、浙江晨光电缆股份有限公司、上海三原电缆附件有限公司、杭州电缆股份有限公司、无锡市沪安电线电缆有限公司、无锡江南电缆有限公司、远东电缆有限公司、江苏新远程电缆股份有限公司、广州南洋电缆有限公司、明达线缆集团。
本标准主要起草人：张晔、李骥、陈希、杨黎明、杨荣凯、李聪聪、钱子明、张建民、王国忠、王树岭、张新伦、丁振生、杨韬、钟成、王雪松、杨长龙、郑宏、周礼文、孙曙光、金金元、徐操、滕兆丰、钱晓娟、吴丽芳、王红辉、薛元洪、胡国明、张景林。

NB/T 42050—2015

# 光纤复合中压电缆

## 1 范围

本标准规定了用于配电网中额定电压 3.6/6kV 到 26/35kV 固定安装的光纤复合挤包塑料绝缘电力电缆的额定电压，型号、代号、规格及产品表示方法，材料，技术要求，标志，交货长度，试验要求，试验方法，检验规则，包装，运输和贮存，安装后试验。

本标准适用于光纤接入的智能电网配电用光纤复合电缆，不包括在特殊条件下安装和使用的电缆，如架空线路、采矿工业、核电厂（安全壳内及其附近）以及用于水下或船舶的电缆。

## 2 规范性引用文件

下列文件对于本文件的应用是必不可少的。凡是注日期的引用文件，仅所注日期的版本适用于本文件。凡是不注日期的引用文件，其最新版本（包括所有的修改单）适用于本文件。

GB/T 156 标准电压

GB/T 2951.11—2008 电缆和光缆绝缘和护套材料通用试验方法 第 11 部分：通用试验方法 厚度和外形尺寸测量 机械性能试验

GB/T 3048（所有部分） 电线电缆电性能试验方法

GB/T 3956—2008 电缆的导体

GB/T 6995.2 电线电缆识别标志方法 第 2 部分：标准颜色

GB/T 6995.3 电线电缆识别标志方法 第 3 部分：电线电缆识别标志

GB/T 6995.5 电线电缆识别标志方法 第 5 部分：电力电缆绝缘线芯识别标志

GB/T 7424.2—2008 光缆总规范 第 2 部分：光缆基本试验方法

GB/T 9771（所有部分） 通信用单模光纤

GB/T 12357.1 通信用多模光纤 第 1 部分：A1 类多模光纤特性

GB/T 12706.1—2008 额定电压 1kV（$U_m$=1.2kV）到 35kV（$U_m$=40.5kV）挤包绝缘电力电缆及附件 第 1 部分：额定电压 1kV（$U_m$=1.2kV）和 3kV（$U_m$=3.6kV）电缆

GB/T 12706.2—2008 额定电压 1kV（$U_m$=1.2kV）到 35kV（$U_m$=40.5kV）挤包绝缘电力电缆及附件 第 2 部分：额定电压 6kV（$U_m$=7.2kV）和 30kV（$U_m$=36kV）电缆

GB/T 12706.3—2008 额定电压 1kV（$U_m$=1.2kV）到 35kV（$U_m$=40.5kV）挤包绝缘电力电缆及附件 第 3 部分：额定电压 35kV（$U_m$=40.5kV）电缆

GB/T 15972.20—2008 光纤试验方法规范 第 20 部分：尺寸参数的测量方法和试验程序 光纤几何参数

GB/T 15972.40—2008 光纤试验方法规范 第 40 部分：传输特性和光学特性的测量方法和试验程序 衰减

GB/T 15972.44—2008 光纤试验方法规范 第 44 部分：传输特性和光学特性的测量方法和试验程序 截止波长

GB/T 15972.45—2008 光纤试验方法规范 第 45 部分：传输特性和光学特性的测量方法和试验程序 模场直径

GB/T 15972.46—2008 光纤试验方法规范 第 46 部分：传输特性和光学特性的测量方法和试验程序 透光率变化

GB/T 17650.1 取自电缆或光缆的材料燃烧时释出气体的试验方法 第1部分：卤酸气体总量的测定

GB/T 17650.2 取自电缆或光缆的材料燃烧时释出气体的试验方法 第2部分：用测量pH值和电导率来测定气体的酸度

GB/T 17651（所有部分） 电缆或光缆在特定条件下燃烧的烟密度测定

GB/T 18380（所有部分） 电缆和光缆在火焰条件下的燃烧试验

GB/T 18889—2002 额定电压6kV（$U_m$=7.2kV）到35kV（$U_m$=40.5kV）电力电缆附件试验方法

GB/T 19666 阻燃和耐火电线电缆通则

JB/T 8137（所有部分） 电线电缆交货盘

JB/T 8503.1 额定电压6kV（$U_m$=7.2kV）到35kV（$U_m$=40.5kV）挤包绝缘电力电缆预制件装配式附件 第1部分：终端

JB/T 8503.2 额定电压6kV（$U_m$=7.2kV）到35kV（$U_m$=40.5kV）挤包绝缘电力电缆预制件装配式附件 第2部分：直通接头

JB/T 10739 额定电压6kV（$U_m$=7.2kV）到35kV（$U_m$=40.5kV）挤包绝缘电力电缆 可分离连接器

JB/T 10740.1 额定电压6kV（$U_m$=7.2kV）到35kV（$U_m$=40.5kV）挤包绝缘电力电缆 冷收缩式附件 第1部分：终端

JB/T 10740.2 额定电压6kV（$U_m$=7.2kV）到35kV（$U_m$=40.5kV）挤包绝缘电力电缆 冷收缩式附件 第2部分：直通接头

YD/T 629.1 光纤传输衰减变化的监测方法 传输功率监测法

YD/T 839.2 通信电缆光缆用填充和涂覆复合物 第2部分：纤膏

YD/T 1024—1999 光纤固定接头保护组件

YD/T 1118.1 光纤用二次被覆材料 第1部分：聚对苯二甲酸丁二醇酯

YD/T 1118.2 光纤用二次被覆材料 第2部分：改性聚丙烯

YD/T 1181.1 光缆用非金属加强件的特性 第1部分：玻璃纤维增强塑料杆

YD/T 1181.2 光缆用非金属加强件的特性 第2部分：芳纶纱

YD/T 1181.3 光缆用非金属加强件的特性 第3部分：芳纶增强塑料杆

YD/T 1954 接入网用弯曲损耗不敏感单模光纤特性

YD/T 2155—2010 通信用单芯光纤机械式接续器

IEC 60684—2：2003 绝缘软管 第2部分：试验方法（Flexible insulating sleeving – Part 2: Methods of test）

IEC 61442—2005 额定电压6kV（$U_m$=7.2kV）到30kV（$U_m$=36kV）电力电缆附件试验方法（Test methods for accessories for power cables with rated voltages from 6kV（$U_m$=7.2kV）up to 30kV（$U_m$=36kV））

## 3 术语和定义

下列术语和定义适用于本文件。

### 3.1

**光纤复合中压电缆 optical fiber composite medium-voltage cable（OPMC）**

一种在额定电压3.6/6kV～26/35kV电力电缆中复合光传输单元，同时具有输送电能和光信号能力的电缆。

### 3.2

**光传输单元 optical transmission unit**

由光纤及其保护材料构成的部件。

3.3

**假设值** fictitious value

按 GB/T 12706.2—2008 中附录 A 和 GB/T 12706.3—2008 中附录 A 计算所得的值。

3.4

**缆芯** cable core

由绝缘导体、光传输单元和可能存在的填充物组成。

3.5

**例行试验** routine tests（R）

由制造方在成品电缆的所有制造长度上进行的试验，以检验所有电缆是否符合规定的要求。

3.6

**抽样试验** sample tests（S）

由制造方按规定的频度在成品电缆试样上或在取自成品电缆的某些部件上进行的试验，以检验电缆是否符合规定的要求。

3.7

**型式试验** type tests（T）

按一般商业原则对本标准所包含的一种类型电缆在供货之前所进行的试验，以证明电缆具有能满足预期使用条件的良好性能。该试验的特点是，除非电缆材料或设计或制造工艺的改变可能改变电缆的特性，试验做过以后就不需要重做。

## 4 额定电压

电缆的额定电压 $U_0/U$（$U_m$）为：3.6/6（7.2）kV、6/6（7.2）kV、6/10（12）kV、8.7/10（12）[8.7/15（17.5）] kV、12/20（24）kV、18/20（24）[18/30（36）] kV、21/35（40.5）kV 和 26/35（40.5）kV。

其中：

$U_0$——电缆设计用的导体对地或金属屏蔽之间的额定工频电压，kV；

$U$——电缆设计用的导体间的额定工频电压，kV；

$U_m$——设备可承受的"最高系统电压"的最大值（见 GB/T 156），kV。

## 5 型号、规格及产品表示方法

### 5.1 型号

型号由分类代号、功能特性代号、结构特征代号及光传输单元结构型式代号组成。

#### 5.1.1 分类代号

OPMC—光纤复合中压电缆。

#### 5.1.2 功能特性代号（如有特殊要求时）

燃烧特性代号应按 GB/T 19666 规定。

#### 5.1.3 结构特征代号

##### 5.1.3.1 导体代号

——（T）省略—铜导体；

——L—铝导体。

##### 5.1.3.2 绝缘代号

YJ—交联聚乙烯绝缘。

##### 5.1.3.3 金属屏蔽代号

——（D）省略—铜带屏蔽；

——S—铜丝屏蔽。

#### 5.1.3.4 护套代号

——V—聚氯乙烯护套；
——Y—聚乙烯或无卤低烟阻燃聚烯烃护套；
——A—金属箔复合护套；
——Q—铅套。

注：电缆结构无铠装时，指外护套。

#### 5.1.3.5 铠装代号

——2—双钢带铠装；
——3—细圆钢丝铠装；
——4—粗圆钢丝铠装；
——6—双非磁性金属带铠装；
——7—非磁性金属丝铠装。

#### 5.1.3.6 外护套代号

——2—聚氯乙烯护套；
——3—聚乙烯或无卤低烟阻燃聚烯烃护套。

### 5.1.4 光传输单元结构型式代号

光传输单元结构型式代号见表1。

**表1 光传输单元结构型式代号**

| 结构型式代号 | 名　　称 |
| --- | --- |
| GT | 非金属层绞填充式光传输单元 |
| GXT | 非金属中心管填充式光传输单元 |
| GQ | 其他类型 |

注：G—光传输单元；X—松套中心管式结构；（省略）—非金属；T—油膏填充；Q—其他结构。

### 5.1.5 光纤代号

光纤的类型应按 GB/T 9771、GB/T 12357.1 和 YD/T 1954 的规定，典型的光纤类型有以下几种：

a) A1：多模光纤的类型应符合 GB/T 12357.1 的规定，典型的多模光纤类型有 A1a 和 A1b；
b) B1.1：非色散位移单模光纤（ITU-T G.652A 和 ITU-T G.652B）；
c) B1.3：波长段扩展的非色散位移单模光纤（ITU-T G.652C 和 ITU-T G.652D）；
d) B4：非零色散位移单模光纤（ITU-T G.655）。

### 5.2 规格

电缆的规格由绝缘导体规格和光传输单元的规格组成。绝缘导体规格包括芯数和导体标称截面积。光传输单元的规格包括光纤芯数和光纤类别。

### 5.3 产品表示方法

产品用型号、额定电压、规格及标准编号表示，见图1。

**示例1：**

包含24芯 B1.1 类光纤非金属层绞填充式光传输单元的铜芯交联聚乙烯绝缘钢带铠装聚氯乙烯护套光纤复合中压电缆，额定电压为 8.7/10kV，3 芯，标称截面积 120mm² 表示为：

OPMC-YJV22-8.7/10　3×120+GT-24B1.1 NB/T 42050—2015

**示例2：**

包含12芯 B1.3 类光纤非金属中心管填充式光传输单元的铜芯交联聚乙烯绝缘无卤低烟阻燃 C 类聚烯烃护套光纤复

合中压电缆，额定电压为26/35kV，3芯，标称截面积150mm²，表示为：

OPMC-WDZC-YJY-26/35　3×150+GXT-12B1.3 NB/T 42050—2015

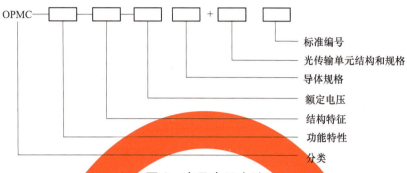

图1　产品表示方法

## 6　材料

### 6.1　绝缘混合料

绝缘混合料、代号及导体最高温度见表2。

表2　绝缘混合料、代号及导体最高温度

| 绝缘混合料 | 代号 | 导体最高温度 ℃ | |
|---|---|---|---|
| | | 正常运行 | 短路（最长持续5s） |
| 交联聚乙烯 | XLPE | 90 | 250 |

### 6.2　护套混合料

护套混合料、代号及正常运行时导体最高温度见表3。

表3　护套混合料、代号及正常运行时导体最高温度

| 护套混合料 | 代号 | 正常运行时导体最高温度 ℃ |
|---|---|---|
| 聚氯乙烯 | $ST_2$ | 90 |
| 聚乙烯 | $ST_7$ | 90 |
| 无卤阻燃材料 | $ST_8$ | 90 |

### 6.3　光传输单元

光传输单元、代号、最高允许温度及正常运行时导体最高温度见表4。

表4　光传输单元、代号及最高允许温度

| 光传输单元 | 代号 | 光传输单元最高允许温度 ℃ | 正常运行时导体最高温度 ℃ |
|---|---|---|---|
| 非金属层绞填充式光传输单元 | GT | 85 | 90 |
| 非金属中心管填充式光传输单元 | GXT | 85 | 90 |
| 其他类型 | GQ | 85 | 90 |
| 注：光传输单元的放置位置应满足光传输单元最高允许温度要求。 | | | |

## 7 技术要求

### 7.1 概述

电缆主要由导体、绝缘层、屏蔽层、光传输单元、填充物、外护套、可能存在的铠装层和内衬层等部分组成。

### 7.2 导体

导体应是符合 GB/T 3956—2008 的第一种或第二种镀金属层或不镀金属层的退火铜导体,或是铝、铝合金导体。第二种导体也可以是纵向阻水结构。

### 7.3 绝缘

#### 7.3.1 材料

绝缘应为交联聚乙烯挤包成型的介质。

#### 7.3.2 绝缘厚度

绝缘标称厚度见表5。导体或绝缘外面的任何隔离层或半导电屏蔽层的厚度应不包括在绝缘厚度之中。

表5 绝缘标称厚度

| 导体标称截面积 mm² | 在额定电压 $U_0/U(U_m)$ 下的绝缘标称厚度 mm | | | | | | |
|---|---|---|---|---|---|---|---|
| | 3.6/6 (7.2) kV | 6/6 (7.2) kV, 6/10 (12) kV | 8.7/10 (12) kV, 8.7/15 (17.5) kV | 12/20 (24) kV | 18/20 (24) kV, 18/30 (36) kV | 21/35 (40.5) kV | 26/35 (40.5) kV |
| 35 | 2.5 | 3.4 | 4.5 | 5.5 | — | — | — |
| 50～185 | 2.5 | 3.4 | 4.5 | 5.5 | 8.0 | 9.3 | 10.5 |
| 240 | 2.6 | 3.4 | 4.5 | 5.5 | 8.0 | 9.3 | 10.5 |
| 300 | 2.8 | 3.4 | 4.5 | 5.5 | 8.0 | 9.3 | 10.5 |
| 400 | 3.0 | 3.4 | 4.5 | 5.5 | 8.0 | 9.3 | 10.5 |
| 500 | 3.2 | 3.4 | 4.5 | 5.5 | 8.0 | 9.3 | 10.5 |

注:不推荐任何小于上面给出的导体截面。然而,若需要更小的截面,可用导体屏蔽来增加导体的直径(见本标准7.4.2),或增加绝缘厚度以限制在试验电压下加于绝缘的最大电场强度,此数值是按表中给出的最小导体尺寸计算得出。

#### 7.3.3 绝缘线芯标志

绝缘线芯标志应符合 GB/T 6995.5 的相关规定。

### 7.4 屏蔽

#### 7.4.1 概述

7.4.1.1 线芯屏蔽应由导体屏蔽和绝缘屏蔽组成。

7.4.1.2 绝缘线芯上应有分相的金属屏蔽层。

#### 7.4.2 导体屏蔽

导体屏蔽应为挤包的半导电层。挤包的半导电层应与绝缘紧密结合,其与绝缘层的界面应光滑、无明显绞线凸纹,不应有尖角、颗粒、烧焦或擦伤的痕迹。

对于额定电压 21/35(40.5)kV、26/35(40.5)kV 且标称截面积 500mm² 及以上电缆的导体屏蔽应由半导电带和挤包半导电层复合组成。

#### 7.4.3 绝缘屏蔽

绝缘屏蔽应由非金属半导电层与金属层组合而成。

每根绝缘线芯上应直接挤包与绝缘线芯紧密结合（30kV 及以下的电缆可采用可剥离）的非金属半导电层，其与绝缘层的界面应光滑，不应有尖角、颗粒、烧焦或擦伤的痕迹。

每根绝缘线芯表面可包覆一层半导电带。

金属屏蔽层应包覆在每根绝缘线芯的外面，并应符合本标准 7.7 的规定。

### 7.5 光传输单元

#### 7.5.1 概述

光传输单元宜为非金属松套结构，光纤数量应满足用户要求。

#### 7.5.2 结构

7.5.2.1 光传输单元结构可以是圆形或其他结构。圆形光传输单元结构主要有层绞式和中心管式二种。

7.5.2.2 层绞式光传输单元应由含多根光纤的松套管及可能有的塑料填充绳绕非金属中心加强件绞合，并与护套和可能有的非金属加强材料组合而成，绞合方式为 SZ 螺旋绞或螺旋绞。

7.5.2.3 中心管式光传输单元应由含多根光纤的松套管和可能有的护套、加强材料组合而成。

#### 7.5.3 光纤

7.5.3.1 单模光纤应符合 GB/T 9771 的有关规定。多模光纤应符合 GB/T 12357.1 的有关规定。

7.5.3.2 松套管中的光纤，应采用全色谱识别，其标志颜色应符合 GB/T 6995.2 规定，并且应不褪色、不迁移。光纤标志颜色的顺序见表 6，当单套管中光纤芯数超过 12 芯时，宜用环状色标或成束识别。原始的色码在整个电缆的设计寿命期内应可清晰辨认。

表6 全色谱的顺序

| 序号 | 1 | 2 | 3 | 4 | 5 | 6 | 7 | 8 | 9 | 10 | 11 | 12 |
|---|---|---|---|---|---|---|---|---|---|---|---|---|
| 颜色 | 蓝 | 橙 | 绿 | 棕 | 灰 | 白 | 红 | 黑 | 黄 | 紫 | 粉红 | 青绿 |

#### 7.5.4 松套管

7.5.4.1 涂覆光纤应放置在松套管中，光纤在松套管中的余长应均匀稳定。

7.5.4.2 松套管材料可用聚对苯二甲酸丁二醇酯（简称 PBT）塑料、聚丙烯塑料或其他合适的材料，应具有良好的机械性能、耐水解性能、耐老化性能和加工性能。PBT 应符合 YD/T 1118.1 规定，聚丙烯塑料应符合 YD/T 1118.2 规定。

7.5.4.3 对于层绞式光传输单元，松套管宜采用全色谱识别，标志颜色应符合表 6 规定，也可采用红绿或红蓝领示色谱识别。

#### 7.5.5 阻水材料

如有阻水要求，光传输单元可采用合适的阻水材料填充。若连续填充触变型阻水纤膏，纤膏应符合 YD/T 839.2 的有关规定。阻水材料应与其相邻的其他光传输单元相容，应不损害光纤传输特性和使用寿命。

#### 7.5.6 填充绳

填充绳用于在非金属层绞式光传输单元结构中填补空位，其外径应使光传输单元结构圆整。填充绳应是圆形塑料绳，表面应圆整光滑。

#### 7.5.7 加强构件

加强构件可为中心加强件，也可为四周加强件。加强构件应具有足够的截面积、杨氏模量和弹性应变范围，用以增强光传输单元的机械性能。玻璃纤维增强塑料圆杆（简称 GFRP）的杨氏模量宜不低于 50GPa，并应符合 YD/T 1181.1 的有关规定。芳纶纤维增强塑料圆杆（简称 KFRP）的杨氏模量宜不低于 50GPa，并应符合 YD/T 1181.3 的有关规定。芳纶丝束的杨氏模量宜不低于 90GPa，并应符合 YD/T 1181.2 的有关规定。在制造长度范围内，GFRP 和 KFRP 不允许接头；芳纶丝每束允许有 1 个接头，但在任意 200m 光传输单元长度内只允许 1 个丝束接头。

## 7.5.8 护套

**7.5.8.1** 层绞式和中心管式光传输单元外都应挤包一层护套。

**7.5.8.2** 护套可采用聚乙烯材料、无卤低烟阻燃聚烯烃材料或聚氯乙烯材料，表面应光滑圆整、无裂缝、无气泡、无砂眼和机械损伤等。

## 7.6 缆芯、内衬层和填充物

### 7.6.1 概述

圆形结构电缆的绝缘线芯与光传输单元应以适宜的方式绞合成缆芯，成缆间隙应采用非吸湿性材料填充圆整。光传输单元应放置在成缆线芯的外侧间隙中，不允许放置在缆芯的中间位置。

### 7.6.2 内衬层与填充物

#### 7.6.2.1 结构

内衬层应采用挤包。挤包内衬层前允许用合适的带子扎紧缆芯。

#### 7.6.2.2 材料

用于内衬层和填充物的材料应适合电缆的运行温度并与电缆绝缘材料相兼容。

#### 7.6.2.3 挤包内衬层厚度

挤包内衬层厚度见表7。

表7 挤包内衬层厚度

| 缆芯假设直径 $d$<br>mm | 挤包内衬层厚度近似值<br>mm |
| --- | --- |
| $d \leqslant 25$ | 1.0 |
| $25 < d \leqslant 35$ | 1.2 |
| $35 < d \leqslant 45$ | 1.4 |
| $45 < d \leqslant 60$ | 1.6 |
| $60 < d \leqslant 80$ | 1.8 |
| $80 < d$ | 2.0 |

### 7.6.3 金属屏蔽

各个绝缘线芯的金属层应相互接触。

对于铅套电缆，铅套与分相包覆的金属层之间的隔离应采用符合本标准7.6.2规定的内衬层。

只要电缆外形保持圆整，可以省略内衬层。

## 7.7 三芯电缆的金属层

金属层的类型如下：

a) 金属屏蔽：3.6/6.0kV～18/30kV 见 GB/T 12706.2—2008 中第10章，21/35kV～26/35kV 见 GB/T 12706.3—2008 中第10章；

b) 金属套：3.6/6.0kV～18/30kV 见 GB/T 12706.2—2008 中第12章，21/35 kV～26/35kV 见 GB/T 12706.3—2008 中 第12章；

c) 金属铠装：3.6/6.0kV～18/30kV 见 GB/T 12706.2—2008 中第13章，21/35 kV～26/35kV 见 GB/T 12706.3—2008 中 第13章。

金属层应为上述的一种或几种型式，包覆在三芯电缆的每个绝缘线芯上时应采用非磁性材料。

也可采取某些措施使金属层周围具有纵向阻水性能。

## 7.8 外护套

### 7.8.1 概述

电缆应具有外护套。

外护套通常为黑色，若制造方和购买方达成协议，允许采用黑色以外的其他颜色，以适应电缆使用的特定环境。

外护套应经受 GB/T 3048.10 规定的电火花试验。

#### 7.8.2 材料

外护套应为热塑性材料（聚氯乙烯或聚乙烯、无卤低烟阻燃聚烯烃）。

外护套材料应与本标准表 3 中规定的电缆运行温度相适应。

在特殊条件下（例如为了防白蚁）使用的外护套，可能有必要使用化学添加剂，这些添加剂应为对人类及环境无害的材料。添加剂不宜采用的材料包括：

——氯甲桥萘（艾氏剂）：1、2、3、4、10、10-六氯代-1、4，4a、5、8、8a-六氢化 1、4、5、8-二甲桥萘；

——氧桥氯甲桥萘（狄氏剂）：1、2、3、4、10、10-六氯代-6、7-环氧-1、4、4a、5、6、7、8、8a-A 氢-1、4、5、8-二甲桥萘；

——六氯化苯（高丙体六六六）：1、2、3、4、5、6-六氯化-环乙烷γ异构体。

#### 7.8.3 厚度

若无其他规定，挤包外护套标称厚度值 $T_s$ 应按下列公式计算

$$T_s = 0.035D + 1.0$$

式中：

$T_s$——挤包外护套标称厚度，mm；

$D$——挤包护套前电缆的假设直径（见 GB/T 12706.2—2008 中附录 A 和 GB/T 12706.3—2008 中附录 A，光单元部分的计算计入电缆的内衬层厚度，在假设直径计算中不予考虑），mm。

按上式计算出的数值应按本标准附录 A 修约到 0.1mm。

电缆护套的标称厚度应不小于 1.8mm。

### 7.9 电缆的附件

电缆的附件应符合本标准附录 B 的规定。

## 8 标志

电缆的护套表面应有制造厂名称、产品型号及额定电压的连续标志，标志应字迹清晰、容易辨认、耐擦。

电缆标志应符合 GB/T 6995.3 的规定。

## 9 交货长度

电缆交货盘长（如有要求）应为订货合同中所要求的配盘长度。

## 10 试验要求

### 10.1 光纤特性

#### 10.1.1 光纤的尺寸参数

光纤的尺寸参数应符合 GB/T 9771 和 GB/T 12357.1 的相关规定。

#### 10.1.2 光纤的模场直径

光纤的模场直径应符合 GB/T 9771 的相关规定。

#### 10.1.3 光纤的截止波长

光纤的截止波长应符合 GB/T 9771 的相关规定。

#### 10.1.4 光纤的衰减特性

光纤的衰减系数应符合表 8 和表 9 的规定。

表 8 单模光纤的衰减系数

| 测试波长 nm | 测试波长最大衰减系数 dB/km | | |
|---|---|---|---|
| | B1.1 和 B1.3 | B4 | |
| | | Ⅰ级 | Ⅱ级 |
| 1310 | 0.36 | — | — |
| 1550 | 0.22 | 0.22 | 0.25 |

表 9 多模光纤的衰减系数

| 测试波长 nm | 测试波长最大衰减系数 dB/km | |
|---|---|---|
| | A1a（50/125μm） | A1b（62.5/125μm） |
| 850 | 3.5 | 3.5 |
| 1300 | 1.5 | 1.5 |

#### 10.2 绝缘和护套非电气性能

绝缘和护套的非电气性能试验分为抽样试验和型式试验，并应分别符合 GB/T 12706.2—2008 中第 17 章和第 19 章或 GB/T 12706.3—2008 中第 17 章和第 19 章的有关规定，ST8 护套的非电气性能试验应符合 GB/T 12706.1—2008 中第 18 章的有关规定。

#### 10.3 电缆电气性能

电缆的电气性能试验分为例行试验、抽样试验和型式试验，并应分别符合 GB/T 12706.2—2008 中第 16 章、第 17 章和第 18 章或 GB/T 12706.3—2008 中第 16 章、第 17 章和第 18 章的有关规定。

#### 10.4 电缆环境性能

#### 10.4.1 衰减温度特性

电缆的衰减温度特性见表 10。

表 10 电缆衰减温度特性

| 宜适用温度范围 [a] ℃ | | 单模光纤允许光纤附加衰减 [b] dB/km |
|---|---|---|
| 低限 [c] $T_A$ | 高限 [c] $T_B$ | |
| −15 | +85 | ≤0.1 |

[a] 可根据用户使用要求，另行规定温度范围。
[b] 为适用温度下相对于 20℃下的光纤衰减差。
[c] 在 GB/T 7424.2—2008 中给出的定义。

#### 10.4.2 耐热特性

电缆经受耐热试验后，外护套应无目力可见开裂，各部分标记应完好，光纤附加衰减应不大于 0.20dB。

#### 10.4.3 光传输单元渗水性能

电缆光传输单元经受渗水试验后，应无水渗出。

#### 10.4.4 填充式光传输单元滴流性能

滴流试验温度 85℃，试验后，电缆应无填充复合物和涂覆复合物等滴出。

### 10.4.5 燃烧性能

若客户有要求，电缆燃烧性能应符合 GB/T 12706.1—2008 和 GB/T 19666 中的有关规定。

### 10.5 机械性能

#### 10.5.1 压扁特性

电缆压扁试验应按本标准 11.7.2.1 的规定进行，试验完成后应符合本标准 11.7.2.3 的要求。

试验时电缆压扁力应符合表 11 的规定。

表 11 电缆压扁特性技术要求

| 结构 | 技术要求 | | | |
|---|---|---|---|---|
| | 长期压扁力 | | 短暂压扁力 | |
| | 允许力 N/100mm | 光纤附加衰减 | 允许力 N/100mm | 光纤附加衰减 |
| 无铠装 | 35$D$ | 光纤应无明显附加衰减 | 105$D$ | ≤0.1dB |
| 带铠装 | 70$D$ | 光纤应无明显附加衰减 | 210$D$ | ≤0.1dB |
| 注：$D$ 为电缆实测外径值，单位为毫米。 | | | | |

#### 10.5.2 弯曲试验

电缆在进行了 GB/T 12706.2—2008 中 18.1.3 弯曲试验和 GB/T 12706.3—2008 中 18.1.3 弯曲试验后，应进行光单元的附加衰减试验，结果应符合本标准 11.7.3 的要求。

## 11 试验方法

### 11.1 总则

试验项目、技术要求、试验方法及试验类型见表 12。

表 12 试验项目、试验方法及试验类型

| 序号 | 试验项目 | 技术要求 | 试验方法 | 试验类型 |
|---|---|---|---|---|
| 1 | 结构及尺寸 | | | |
| 1.1 | 导体 | 见本标准 7.2 | 见本标准 11.2 | T，S |
| 1.2 | 绝缘厚度 | 见本标准 10.2 | 见本标准 11.2 | T，S |
| 1.3 | 内衬层和外护套厚度 | 见本标准 10.2 | 见本标准 11.2 | T，S |
| 1.4 | 金属套厚度 | 见本标准 10.2 | 见本标准 11.2 | T，S |
| 1.5 | 光传输单元护套检查 | 见本标准 7.5.8.2 | 见本标准 11.2 | T，S |
| 1.6 | 金属屏蔽 | 见本标准 10.2 | 见本标准 11.2 | T，S |
| 1.7 | 金属铠装 | 见本标准 10.2 | 见本标准 11.2 | T，S |
| 2 | 识别色谱 | | | |
| 2.1 | 光纤识别色谱 | 见本标准 7.5.3.2 | 目力检查 | T，R |
| 2.2 | 松套管识别色谱 | 见本标准 7.5.4.3 | 目力检查 | T，R |
| 2.3 | 绝缘线芯识别色谱 | 见本标准 7.3.3 | 目力检查 | T，R |
| 3 | 电缆标志 | | | |
| 3.1 | 标志的完整性及可识别性 | 见本标准第 8 章 | 目力检查 | T |

表12（续）

| 序号 | 试验项目 | 技术要求 | 试验方法 | 试验类型 |
|---|---|---|---|---|
| 3.2 | 标志的耐擦性 | 见本标准第8章 | GB/T 6995.3 | T |
| 4 | 光纤光学和传输性能 | | | |
| 4.1 | 衰减系数 | 见本标准10.1.4 | 见本标准11.3.1 | T，R |
| 4.2 | 截止波长 | 见本标准10.1.3 | 见本标准11.3.1 | T，S（5%） |
| 4.3 | 模场直径 | 见本标准10.1.2 | 见本标准11.3.1 | T，S（5%） |
| 5 | 光纤尺寸参数 | | | |
| 5.1 | 纤芯直径 | 见本标准10.1.1 | 见本标准11.3.2 | T |
| 5.2 | 包层直径 | 见本标准10.1.1 | 见本标准11.3.2 | T |
| 5.3 | 包层不圆度 | 见本标准10.1.1 | 见本标准11.3.2 | T |
| 5.4 | 同心度误差 | 见本标准10.1.1 | 见本标准11.3.2 | T |
| 6 | 非电气性能试验 | | | |
| 6.1 | 绝缘和护套的机械性能 | 见本标准10.2 | 见本标准11.4 | T |
| 6.2 | 成品电缆段老化 | 见本标准10.2 | 见本标准11.4 | T |
| 6.3 | 高温压力试验 | 见本标准10.2 | 见本标准11.4 | T |
| 6.4 | 低温试验 | 见本标准10.2 | 见本标准11.4 | T |
| 6.5 | 空气烘箱内的护套失重试验 | 见本标准10.2 | 见本标准11.4 | T |
| 6.6 | 护套热冲击试验 | 见本标准10.2 | 见本标准11.4 | T |
| 6.7 | 绝缘热延伸试验 | 见本标准10.2 | 见本标准11.4 | T，S |
| 6.8 | 绝缘吸水试验 | 见本标准10.2 | 见本标准11.4 | T |
| 6.9 | 绝缘收缩试验 | 见本标准10.2 | 见本标准11.4 | T |
| 6.10 | 绝缘屏蔽可剥离试验 | 见本标准10.2 | 见本标准11.4 | T |
| 6.11 | 护套收缩试验 | 见本标准10.2 | 见本标准11.4 | T |
| 6.12 | 护套炭黑含量 | 见本标准10.2 | 见本标准11.4 | T |
| 6.13 | 可剥离试验 | 见本标准10.2 | 见本标准11.4 | T |
| 6.14 | 电缆的单根阻燃试验（要求时） | 见本标准10.2 | GB/T 18380 | T |
| 6.15 | 电缆的成束阻燃试验 | 见本标准10.4.5 | GB/T 18380 | T |
| 6.16 | 烟发散试验 | 见本标准10.4.5 | GB/T 17651 | T |
| 6.17 | 酸气含量试验 | 见本标准10.4.5 | GB/T 17650.1 | T |
| 6.18 | pH值和电导率 | 见本标准10.4.5 | GB/T 17650.2 | T |
| 6.19 | 氟含量试验 | 见本标准10.4.5 | IEC 60684-2:2003 | T |
| 7 | 电气性能试验 | | | |
| 7.1 | 导体电阻 | 见本标准10.3 | 见本标准11.5 | T，R |
| 7.2 | 局部放电试验 | 见本标准10.3 | 见本标准11.5 | T，R |
| 7.3 | 电压试验 | 见本标准10.3 | 见本标准11.5 | T，R |

表12（续）

| 序号 | 试验项目 | 技术要求 | 试验方法 | 试验类型 |
|---|---|---|---|---|
| 7.4 | 弯曲试验 | 见本标准10.3 | 见本标准11.5 | T |
| 7.5 | tanδ 测量 | 见本标准10.3 | 见本标准11.5 | T |
| 7.6 | 热循环试验 | 见本标准10.3 | 见本标准11.5 | T |
| 7.7 | 冲击电压试验及随后的工频电压试验 | 见本标准10.3 | 见本标准11.5 | T |
| 7.8 | 4h电压试验 | 见本标准10.3 | 见本标准11.5 | T，S |
| 7.9 | 半导电屏蔽电阻率 | 见本标准10.3 | 见本标准11.5 | T |
| 8 | 环境性能 | | | |
| 8.1 | 衰减温度特性 | 见本标准10.4.1 | 见本标准11.6.1 | T |
| 8.2 | 渗水 | 见本标准10.4.3 | 见本标准11.6.3 | T，S |
| 8.3 | 填充式光传输单元复合物滴流 | 见本标准10.4.4 | 见本标准11.6.4 | T，S |
| 8.4 | 耐热特性 | 见本标准10.4.2 | 见本标准11.6.2 | T |
| 9 | 机械性能 | | | |
| 9.1 | 压扁 | 见本标准10.5.1 | 见本标准11.7.2 | T |
| 9.2 | 弯曲 | 见本标准10.5.2 | 见本标准11.7.3 | T |

**11.2 结构检查**

应在距电缆不少于100mm处用目力检查其结构的完整性、色谱，并取样检查结构尺寸。

导体检查和测量应采用检查或可行的测量方法，导体结构应符合GB/T 3956—2008的规定。

金属屏蔽和金属铠装结构及尺寸检查应采用可行的测量方法，金属屏蔽和金属铠装结构应符合本标准7.7要求，金属屏蔽带、铠装金属带和铠装金属丝的尺寸低于其规定的标称尺寸的量值应不超过：

——圆金属丝：5%；
——扁金属丝：8%；
——金属带：10%。

绝缘厚度和非金属护套厚度（包括挤包内衬层）应符合GB/T 12706.2—2008中17.5或GB/T 12706.3—2008中17.5的规定。

金属套厚度应符合GB/T 12706.2—2008中17.6或GB/T 12706.3—2008中17.6的规定。

光传输单元护套厚度测量应按GB/T 2951.11—2008中8.2规定进行。

**11.3 光纤性能试验**

**11.3.1 光纤光学和传输性能试验**

光纤光学和传输性能试验方法：

a) 衰减系数：试验方法见GB/T 15972.40—2008；
b) 截止波长：试验方法见GB/T 15972.44—2008；
c) 模场直径：试验方法见GB/T 15972.45—2008。

**11.3.2 光纤尺寸参数**

应按GB/T 15972.20—2008规定的试验方法测量。

**11.4 非电气性能试验**

应按GB/T 12706.1—2008（对于ST8护套）、GB/T 12706.2—2008或GB/T 12706.3—2008中相关规定的相应的试验方法进行。

## 11.5 电气性能试验

电缆的电气性能试验应按 GB/T 3048 中规定的相应的试验方法进行。

## 11.6 环境性能试验

### 11.6.1 衰减温度特性试验

#### 11.6.1.1 试验要求

试验要求如下：
a) 试样长度：试样长度应足以获得衰减测量所需的精度；
b) 温度范围：试验温度范围的低限 $T_A$ 和高限 $T_B$ 应符合表 10 规定；
c) 恒温时间（$t_1$）：应足以使试样温度达到稳定，应不少于 24h；
d) 测试光纤数：至少 24 根光纤，当光纤数小于 24 根时，应全部测试；
e) 循环次数：2 次。

#### 11.6.1.2 试验方法

应按 GB/T 7424.2—2008 中试验方法——F1 温度循环进行。

衰减监测应按 GB/T 15972.46—2008 规定的测试方法进行。在试验期间，监测仪表的重复性引起的监测结果的不确定度应优于 0.02dB/km。试验中光纤衰减变化量的绝对值不超过 0.02dB/km 时，可判为衰减无明显变化。允许衰减有某数值的变化时，应理解为该数值已包括不确定度在内。B1.1、B1.3 单模光纤衰减变化监测应在 1310nm 或 1550nm 两个波长上进行，也可在用户指定的波长上进行；B4 单模光纤衰减变化监测应在 1550nm 波长上进行。

#### 11.6.1.3 验收要求

应符合表 10 规定。

### 11.6.2 电缆耐热特性试验

#### 11.6.2.1 热循环耐热试验方法

将电缆中的光纤串联熔接形成光功率监测回路，将电缆中的绝缘线芯首尾串联形成电流回路，在导体、绝缘、光传输单元、护套等位置放置温度传感器测量温度。

在回路中施加电流，加热导体直至达到稳定温度，此温度应超过电缆正常运行时导体最高温度 5℃～10℃，加热电流应通过所有绝缘线芯的导体。

在试验过程中应监测导体、绝缘间、光传输单元和外护套的温度以及光传输单元的附加衰减，建议单模光纤在 1550nm 波长下测量，多模光纤在 850nm 波长下测量，或在用户指定的波长下测量。

本试验可以与电气性能试验中的热循环试验同时进行。

#### 11.6.2.2 过载耐热试验方法

通过了本标准 11.6.2.1 的试验后，应接着进行热过载试验。将导体加热至超过电缆正常运行时导体最高温度 35℃～40℃，稳定 2h 后，在空气中自然冷却至少 3h（对于额定电压 35kV 电缆自然冷却至少16h），使导体温度不超过环境温度 10℃，同时进行光纤的附加衰减监测。

在试验过程中应监测导体、绝缘间、光单元和外护套的温度以及光单元中光纤的附加衰减（单模1550nm，多模 850nm，或根据客户要求）。

#### 11.6.2.3 验收要求

电缆外护套应无目力可见开裂，各部分标记应完好，光纤附加衰减应不大于 0.20dB。试验后，该样品的电压试验应符合本标准 10.3 要求。

### 11.6.3 渗水试验

#### 11.6.3.1 试验方法

应按 GB/T 7424.2—2008 中试验方法——F5B 渗水中 L 型方法对电缆的光传输单元进行测试。

#### 11.6.3.2 验收要求

室温环境下，取 1m 试样，一端加 1m 高水头，保持 1h 后，试样另一端应无水渗出。

## 11.6.4 填充式光传输单元复合物滴流试验
### 11.6.4.1 试验方法
应按 GB/T 7424.2—2008 中试验方法——F6 复合物滴流进行试验。
### 11.6.4.2 验收要求
在（85±1）℃温度下，24h 后，应无填充复合物从缆芯或缆芯与护套的界面流出或滴出。

## 11.7 电缆机械性能试验
### 11.7.1 总则
机械性能试验中光纤衰减变化的检测宜在 GB/T 15972.46—2008 规定的波长上进行，试验期间，检测系统的稳定性引起的检测结果不确定度应优于 0.03dB。试验中光纤衰减变化量的绝对值不超过 0.03dB 时，可判为无明显附加衰减；允许衰减有某些数值的变化时，应理解为该数值已包含不确定度在内。

### 11.7.2 压扁试验
#### 11.7.2.1 试验要求
试验要求如下：
a) 负载：见表 11；
b) 持续时间：10min；
c) 光纤长度：不小于 100m。

#### 11.7.2.2 试验方法
应按 GB/T 7424.2—2008 中试验方法——E3 压扁进行试验。

#### 11.7.2.3 验收要求
护套应无目力可见开裂，在允许压扁力下，光纤附加衰减应不大于 0.10dB，去除此压扁力后，光纤应无明显的残余附加衰减。

### 11.7.3 弯曲试验
在电气性能中的弯曲试验完成后，测试光纤的附加衰减，光纤残余附加衰减应不大于 0.20dB。

# 12 检验规则

## 12.1 总则
出厂前，产品应经质量检验部门检验合格后方可出厂。每件出厂交收的产品应附有制造厂的产品质量合格证。厂方应向买方提交产品的出厂检验报告。如买方有要求，厂方应提供产品的其他有关试验数据。

产品检验分例行试验、抽样试验和型式试验，检验项目见表 12。

## 12.2 出厂试验
检验项目是产品交货时应进行的各项试验，至少包括例行试验、抽样试验（抽样比例按 GB/T 12706.2—2008 中表 12 和 GB/T 12706.3—2008 中表 10 规定）。

## 12.3 型式试验
### 12.3.1 概述
具有特定电压、导体截面积和结构设计的一种型式的电缆或附件通过了型式试验后，对于具有其他导体截面积和额定电压的电缆或附件型式认可仍然有效，只要满足下列两个条件：
a) 绝缘和半导电屏蔽材料以及所采用的制造工艺相同；
b) 导体截面积不大于已试电缆或附件；如果已试电缆或附件的导体截面积在 95mm²～630mm²（含）之间，则 500mm² 及以下的所有电缆或附件也有效。

用于 35kV 电压等级的产品应单独进行型式试验。

### 12.3.2 检验项目
检验项目见表 12、表 B.2 和表 B.3。

### 12.3.3 检验周期

电缆或附件在下列情况之一时,应进行型式试验:
a) 产品定型鉴定时;
b) 正式生产后,如结构、材料、工艺有较大改变,可能影响产品性能时;
c) 停产一年以上,恢复生产时;
d) 出厂试验结果与上次型式试验有较大差异时;
e) 主管质量监督机构提出进行型式试验要求时;
f) 大批量产品的买方要求在验收中进行型式试验时。

## 13 包装

电缆应装在交货盘上出厂,交货盘应符合 JB/T 8137 的规定。盘装电缆每盘宜是一个制造长度,电缆交货盘筒体直径宜不小于电缆外径的 20 倍。

盘装电缆的最外层与缆盘侧板边缘的距离应不小于 60mm。电缆两端应密封并应具有表示端别的颜色标志,A(内)端为红色,B(外)端为绿色。电缆两端应固定在盘子内,其 A(内)端应预留不少于 1m 长度的光传输单元,以满足测试需要。

电缆交货盘上应有以下标记:
a) 制造厂名称或产品商标;
b) 产品标记;
c) 长度;
d) 毛重,kg;
e) 制造年、月;
f) 表示缆盘正确旋转方向的箭头;
g) 保证贮运安全的其他标记。

## 14 运输和贮存

电缆运输和贮存时应注意:
a) 缆盘不应平放、堆放;
b) 盘装电缆应按缆盘标明的旋转方向滚动,但不应作长距离滚动;
c) 不应遭受冲撞、挤压和任何机械损伤;
d) 应避免露天存放,防止受潮和长时间暴晒;
e) 贮运温度应控制在-15℃~+60℃范围内,如果超出这个温度范围,交付使用前应进行复检。

## 15 安装后试验

### 15.1 概述

试验应在电缆及其附件安装完成后进行。

推荐按本标准 15.2 及 15.3 进行电气试验及光单元传输特性试验。

### 15.2 安装后电气试验

额定电压 3.6/6.0kV~18/30kV 的电缆安装后电气试验应符合 GB/T 12706.2—2008 中第 20 章的规定,额定电压 21/35kV~26/35kV 安装后电气试验应符合 GB/T 12706.3—2008 中第 20 章的规定。

### 15.3 安装后光单元传输特性试验

电缆安装完成后应测量整个线路的光纤衰减系数及光纤通断情况。

应按 GB/T 15972.40—2008 中附录 B 方法 B 进行试验。

光纤衰减系数应符合本标准 10.1.4 的规定,每根光纤长度应不小于线路的实际长度。

# 附 录 A
（规范性附录）
# 数 值 修 约

## A.1 假设计算法的数值修约

在按 GB/T 12706.2—2008 中附录 A 和 GB/T 12706.3—2008 中附录 A 计算假设直径和确定单元尺寸而对数值进行修约时，采用下述规则。

当任何阶段的计算值小数点后多于一位数时，数值应修约到一位小数，即精确到 0.1mm。每一阶段的假设直径数值应修约到 0.1mm。当用来确定包覆层厚度和直径时，在用到相应的公式或表格中去之前应先进行修约，按修约后的假设直径计算出的厚度应依次修约到 0.1mm。

修约规则如下：

a) 修约前数值的第二位小数为 0、1、2、3 或 4 时，小数点后第一位小数保持不变（舍弃）。

示例1：2.12≈2.1

示例2：2.449≈2.4

示例3：25.0478≈25.0

b) 修约前数值的第二位小数为 9、8、7、6 或 5 时，小数点后第一位小数应增加 1（进一）。

示例1：2.17≈2.2

示例2：2.453≈2.5

示例3：30.050≈30.1

## A.2 用作其他目的的数值修约

除 A.1 考虑的用途外，有可能有些数值需要修约到多于一位小数，例如计算几次测量的平均值，或标称值加上一个百分偏差以后的最小值。在这些情况下，应按有关规定修约到小数点后的规定位数。

这时修约规则如下：

a) 如果修约前应保留的最后数值后一位数为 0、1、2、3 或 4 时，则最后数值应保持不变（舍弃）；

b) 如果修约前应保留的最后数值后一位数为 9、8、7、6 或 5 时，则最后数值加 1（进一）。

示例1：2.449≈2.45　修约到二位小数

示例2：2.449≈2.4　修约到一位小数

示例3：25.0478≈25.048　修约到三位小数

示例4：25.0478≈25.05　修约到二位小数

示例5：25.0478≈25.0　修约到一位小数

# 附 录 B
（规范性附录）
光纤复合中压电缆附件

## B.1 使用环境条件

### B.1.1 环境温度
环境温度为-40℃～+65℃。

### B.1.2 使用环境
电缆附件的使用环境与电缆的敷设环境有关。

电缆终端主要使用在户内或户外电缆与设备的连接。

电缆中间接头主要使用在电缆之间的连接，使用环境与电缆敷设环境基本相同，主要使用地点分为地下直埋、穿管、地面电缆沟、地下隧道、变电站电缆夹层或局部露天敷设等，电缆中间接头可能经常或周期性地被水浸泡。

## B.2 技术要求

**B.2.1** 电缆终端及中间接头在光传输单元与电力电缆缆芯的分离处应采用冷缩式四叉或多叉分支套的密封保护方式。

**B.2.2** 电缆终端应符合 JB/T 8503.1 或 JB/T 10739 或 JB/T 10740.1 的规定。

**B.2.3** 电缆中间接头应包括电力电缆接续组件和光传输单元接续组件，其中光传输单元接续组件应不影响电力电缆接续组件的电气性能，宜置于电力电缆接续组件的金属屏蔽层外，并与电力电缆接续组件具有相同的防水层和机械保护层。

**B.2.4** 电缆中间接头的电力电缆接续组件应符合 JB/T 8503.2 或 JB/T 10740.2 的相关规定。

**B.2.5** 电缆中间接头的光传输单元接续组件应满足电缆光纤芯数接续要求和余留光纤收容要求，余留光纤的长度每侧应不小于 1.0m，余留光纤盘放的曲率半径应不小于 30mm。在光传输单元接续组件的安装使用操作中，光纤接头应无明显附加衰减。

**B.2.6** 光纤接头应加以保护，经保护后的光纤接头应能免遭潮气的侵蚀和不增加光纤接头的衰减，其机械性能和环境性能应符合 YD/T 1024—1999 和 YD/T 2155—2010 的规定。

## B.3 试验条件

**B.3.1** 按 GB/T 18889—2002 和 YD/T 629.1 中规定的试验条件、仪器设备及方法检测电缆性能。在试验期间，检测系统的稳定性引起的检测结果不确定度应优于 0.03dB，其衰减变化量的绝对值不超过 0.03dB 时，可判为无明显附加衰减；允许衰减有某些数值变化时，应理解为该数值已包含不确定度在内。

**B.3.2** 光传输单元的光纤接头可采用熔接或机械连接的方式，测试光纤数应至少为 24 根，当光纤数小于 24 根时，应全部测试。对同一被试回路中的光传输单元，可将所有光纤串接在一起进行试验，光传输单元的平均衰减变化值由光纤串接回路的衰减变化值除以光纤根数得出。

## B.4 试验要求

**B.4.1** 电缆终端的电气性能要求及光传输单元的衰减变化

电缆终端的电气性能要求及光传输单元的衰减变化应按表 B.2 规定的试验项目和试验方法进行型式试验。

**B.4.2** 电缆中间接头的防水性能和电气性能要求及光传输单元的衰减变化

电缆中间接头的防水性能和电气性能要求及光传输单元的衰减变化应按表 B.3 规定的试验项目和试

验方法进行型式试验。被试回路中的电缆中间接头应包括电力电缆接续组件和光传输单元接续组件。

**B.4.3 被试附件的安装**

B.4.3.1 除非另有规定，电缆截面积为 120mm²、150mm² 或 185mm²。

B.4.3.2 附件应采用制造方提供的材料等级、数量及润滑剂（若有），按制造方说明书规定的方法进行安装。

B.4.3.3 附件应是干燥和清洁的，电缆和附件都不应经受可能改变被试组件的电气或热或机械性能的任何方式的处理。

B.4.3.4 关于试验安装的主要细节，尤其是支撑装置，都应记录。

**B.4.4 试验程序**

附件的试验应按表 B.1 列出的相应的表中程序进行。

对于终端和中间接头，如果试验程序和要求是相同的，则可组合起来试验。

表 B.1 试 验 程 序

| 附 件 | 参考表 |
| --- | --- |
| 终端 | 本标准表 B.2，本标准表 B.4 |
| 中间接头 | 本标准表 B.3，本标准表 B.4 |
| 注：表 B.2～表 B.4 中的符号在 GB/T 18889—2002 中给出的含义为：<br>$I_{sc}$ —金属屏蔽的短路电流（有效值）；<br>$I_d$ —导体短路电流（起始峰值）；<br>$\theta_{sc}$ —电缆导体的最大允许短路温度。 | |

**B.4.5 试验结果评定**

**B.4.5.1 概述**

按表 B.2 和表 B.3 指定的项目进行试验的所有试样应满足全部试验程序的要求。

按表 B.2 和表 B.3 指定的型式试验中的所有系列试验项目全部通过后，且所检测的光传输单元平均衰减变化值均不大于 0.2dB，则该电缆终端或中间接头被认可。对任何一个未满足要求的试样都应进行检查。

**B.4.5.2 附件失效**

如果一个附件由于安装或试验程序错误而不符合要求，应宣布该试验无效，但不否定该附件。应在新安装的试样上重复整个试验程序。如果没有上述错误证据，则该型式附件不予认可。

**B.4.5.3 电缆失效**

如果仅电缆击穿，则该试验应被宣布无效，但不否定该附件。允许重新安装附件按该试验程序从头开始试验或者修复电缆后从中断的时刻开始继续试验。

**B.4.5.4 认可范围**

认可范围见本标准 12.3.1 中的相关规定。

**B.5 检验规则**

B.5.1 产品的所有部件和材料应由制造厂的技术检查部门检查合格后方能出厂，并应附有相应的质量检验合格证。

B.5.2 按本标准 B.4.1～B.4.4 的要求进行产品的型式试验，试验结果评定方法应按本标准 B.4.5 的规定。除非电缆终端或中间接头的材料或设计或制造工艺的改变可能改变电缆终端或中间接头的特性，型式试验一旦通过后就不必重复进行。

表 B.2 电缆终端的试验程序和试验要求

| 序号 | 试验项目[a] | 试验要求 | 试验方法 | 试验程序 1.1 | 1.2 | 1.3 | 1.4 | 1.5 |
|---|---|---|---|---|---|---|---|---|
| 1 | 光传输单元衰减值 | 检测并记录 | YD/T 629.1 | × |  |  | × | × |
| 2 | 交流耐压或直流耐压 交流耐压 | $4.5U_0$,5min 或 $4U_0$,15min $4U_0$,1min,淋雨[b] | GB/T 18889—2002 中第 4 章或第 5 章 | × | × | × |  |  |
| 3 | 局部放电[c] | 在环境温度下 $1.73U_0$,不大于 10pC | GB/T 18889—2002 中第 7 章 | × | ″ |  |  |  |
| 4 | 冲击电压试验（在 $\theta_t^d$ 下） | 每个极性冲击 10 次 | GB/T 18889—2002 中第 6 章 | × |  |  |  |  |
| 5 | 光传输单元衰减值 | 检测并记录 | YD/T 629.1 | × |  |  |  |  |
| 6 | 恒压负荷循环试验（在空气中） | 在 $2.5U_0$ 和 $\theta_t^d$ 环境下,30 次循环[e] | GB/T 18889—2002 中第 9 章 YD/T 629.1 | × |  |  |  |  |
| 7 | 光传输单元衰减值 | 检测并记录 | YD/T 629.1 | × |  |  |  |  |
| 8 | 局部放电[c, f]（在环境温度下和 $\theta_t^d$ 环境下） | 在 $1.73U_0$ 下,不大于 10pC | GB/T 18889—2002 中第 7 章 | × |  |  |  |  |
| 9 | 短路热稳定（屏蔽）[g] | 在电缆屏蔽的 $I_{SC}$ 下,短路二次,无可见损伤 | GB/T 18889—2002 中第 10 章 |  |  | ×[h] |  |  |
| 10 | 短路热稳定（导体） | 升高到电缆导体的 $\theta_{SC}$ 时,短路二次,无可见损伤 | GB/T 18889—2002 中第 11 章 |  |  | ×[h] |  |  |
| 11 | 短路动稳定[i] | 在 $I_d$ 下短路一次,无可见损伤 | GB/T 18889—2002 中第 12 章 |  |  | × |  |  |
| 12 | 冲击电压试验 | 每个极性冲击 10 次 | GB/T 18889—2002 中第 6 章 |  | × | × |  |  |
| 13 | 交流耐压 | $2.5U_0$,15min | GB/T 18889—2002 中第 4 章 |  | × | × |  |  |
| 14 | 潮湿试验[j] | $1.25U_0$,300h,不闪络,不击穿,跳闸不超过 3 次,无明显损坏 | GB/T 18889—2002 中第 7 章 |  |  |  | × |  |
| 15 | 盐雾试验[b] | $1.25U_0$,1000h,不闪络,不击穿,跳闸不超过 3 次,无明显损坏 | GB/T 18889—2002 中第 7 章 |  |  |  |  | × |
| 16 | 光传输单元衰减值 | 检测并记录 | YD/T 629.1 | × |  |  | × | × |
| 17 | 检验 | 仅供参考[k] |  | × | × | × | × | × |

[a] 除非另有规定,试验应在环境温度下进行。
[b] 仅用于户外终端。
[c] 对安装在 3.6/6（7.2）kV 无绝缘屏蔽电缆上的附件无此要求。
[d] $\theta_t$ 是电缆正常运行导体温度加（5～10）℃。
[e] 每个负荷循环周期为 8h,电缆导体稳定在规定的 $\theta_t$ 温度下至少 2h,冷却时间至少 3h,在整个负荷循环期间,建议每周测量光传输单元衰减值。
[f] 在加热期结束时进行。
[g] 仅适用于能直接或通过适配件与电缆金属屏蔽相连接的终端。
[h] 短路热稳定试验可以与短路动稳定结合进行。
[i] 只有当峰值电流 $I_p>80kA$ 的电缆才要求进行短路动稳定试验。
[j] 仅用于户内终端。
[k] 当由于下述原因附件性能有明显下降时,则认为它明显损坏：① 由于漏电痕迹引起介质量下降；② 电蚀深度达到 2mm 或者达到作为使用的绝缘材料任何一处较小壁厚的 50%；③ 材料开裂；④ 材料穿孔。

表 B.3 电缆中间接头的试验程序和试验要求

| 序号 | 试验项目 [a] | 试验要求 | 试验方法 | 试验程序 1.1 | 1.2 | 1.3 |
|---|---|---|---|---|---|---|
| 1 | 光传输单元衰减值 | 检测并记录 | YD/T 629.1 | × | | |
| 2 | 交流耐压或直流耐压 | $4.5U_0$，5min 或 $4U_0$，15min | GB/T 18889—2002 中第 4 章或第 5 章 | × | × | × |
| 3 | 局部放电 [b] | $1.73U_0$，不大于 10pC | GB/T 18889—2002 中第 7 章 | × | | |
| 4 | 冲击电压试验（在 $\theta_t$ [c] 下） | 每个极性冲击 10 次 | GB/T 18889—2002 中第 6 章 | × | | |
| 5 | 光传输单元衰减值 | 检测并记录 | YD/T 629.1 | × | | |
| 6 | 恒压负荷循环试验（在空气中） | 在 $2.5U_0$ 和 $\theta_t$ [c] 下循环 30 次 [d] | GB/T 18889—2002 中第 9 章 YD/T 629.1 | × | | |
| 7 | 恒压负荷循环试验（在水中） | 在 $2.5U_0$ 和 $\theta_t$ [c] 下循环 30 次 [d] | GB/T 18889—2002 中第 9 章 YD/T 629.1 | × | | |
| 8 | 光传输单元衰减值 | 检测并记录 | YD/T 629.1 | × | | |
| 9 | 局部放电 [b,c]（在环境温度下和 $\theta_t$ [c] 环境下） | 在 $1.73U_0$ 下，不大于 10pC | GB/T 18889—2002 中第 7 章 | × | | |
| 10 | 短路热稳定（屏蔽） | 在电缆屏蔽的 $I_{SC}$ 下，短路 2 次，无可见损伤 | GB/T 18889—2002 中第 10 章 | | ×[f] | |
| 11 | 短路热稳定（导体） | 升高到电缆导体的 $\theta_{SC}$ 时，短路 2 次，无可见损伤 | GB/T 18889—2002 中第 11 章 | | ×[f] | |
| 12 | 短路动稳定 [g] | 在 $I_d$ 下短路一次，无可见损伤 | GB/T 18889—2002 中第 12 章 | | | × |
| 13 | 冲击电压试验 | 每个极性冲击 10 次 | GB/T 18889—2002 中第 6 章 | × | × | × |
| 14 | 中间接头机械冲击试验 [e] | 至少撞击电缆中间接头光传输单元接续组件部位一次 | IEC 61442：2005 中第 14 章 | × | | |
| 15 | 交流耐压 | $2.5U_0$，15min | GB/T 18889—2002 中第 4 章 | × | × | × |
| 16 | 光传输单元衰减值 | 检测并记录 | YD/T 629.1 | × | | |
| 17 | 检验 | 仅供参考 [h] | | × | × | × |

[a] 除非另有规定，试验应在环境温度下进行。
[b] 对安装在 3.6/6（7.2）kV 无绝缘屏蔽电缆上的附件无此要求。
[c] $\theta_t$ 是电缆正常运行导体温度加（5~10）℃。
[d] 每个负荷循环周期为 8h，电缆导体稳定在规定的 $\theta_t$ 温度下至少 2h，冷却时间至少 3h，在整个负荷循环期间，建议每周测量光传输单元衰减值。
[e] 在加热期结束时进行。
[f] 短路热稳定试验可以与短路动稳定结合进行。
[g] 只有当峰值电流 $I_p$＞80kA 的电缆才要求进行短路动稳定试验。
[h] 当由于下述原因附件性能有明显下降时，则认为它明显损坏：① 由于漏电痕迹引起介质质量下降；② 电蚀深度达到 2mm 或者达到作为使用的绝缘材料任何一处较小壁厚的 50%；③ 材料开裂；④ 材料穿孔。

表 B.4 终端的试样数量和试验布置

| 试验系列 | 电缆终端 | 电缆中间接头 |
|---|---|---|
| 1.1 | 二个样品 | 二个样品 |
| 1.2 或 1.3 | 一个样品（短路发生器） | 一个样品（短路发生器） |
| 1.4 或 1.5 | 一个样品 | |

注1：电缆与附件的固定方法应按照制造方的推荐。
注2：图中所标电缆长度是电缆引入终端之间的测量长度。